法国儿童图解小百科

呀！神奇的动物（下）

[法]瓦莱丽·梅纳德　[法]金·休恩　[法]卡罗琳·麦克利什　著
法国微度视觉　绘
大南南　译

华东师范大学出版社
·上海·

一个迷人的世界

在地球上的每个角落，都住着形形色色的小动物，它们一个比一个迷人。有些小动物会飞翔，有些会爬行，有些会游泳，还有一些会在地下挖洞，或在夜幕下发光。

这些小动物有昆虫、鸟类、爬行动物、两栖动物、哺乳动物……种类多得数不胜数！

带★的词请参阅第48页的词汇表。

奇妙的昆虫

insect

昆虫的头部有两根触角和一个口器。触角可以帮助它们辨别方向、品尝食物、嗅气味和听声音。口器★可以帮助它们摄取食物。

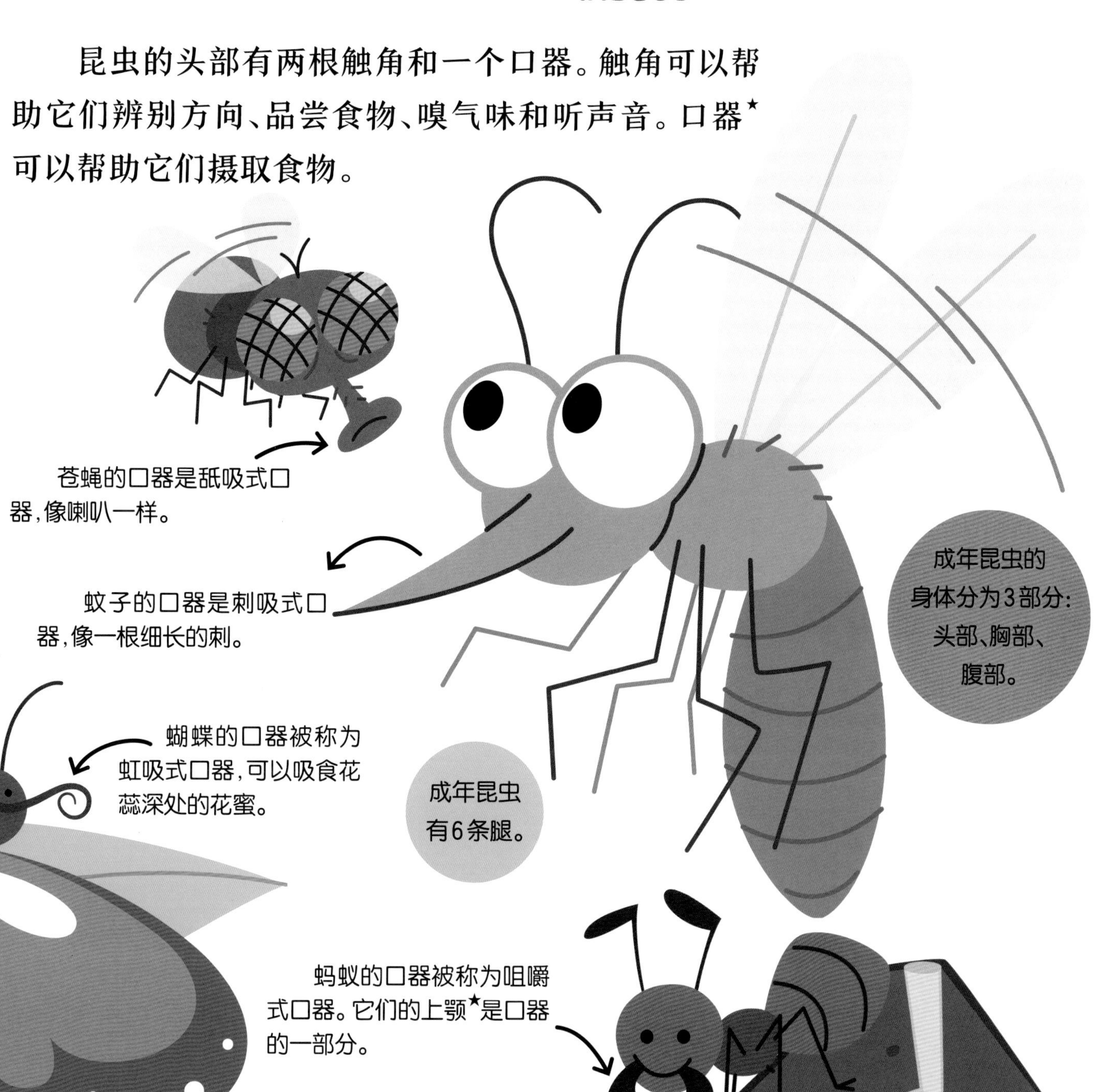

爱晒太阳的爬行动物

reptile

爬行动物是变温动物，体温随周围环境温度的变化而变化。它们无法自行发热，要通过晒太阳取暖。

爬行动物有厚实的皮肤，上面布满了鳞或甲。

喜欢水的两栖动物

amphibian

两栖动物幼年时在水中生活，用鳃呼吸。长大后大多数可以用肺和皮肤呼吸，在水中和陆地上都能生活。

蝾螈和娃娃鱼也是两栖动物。

两栖动物的皮肤既光滑又湿润。

喝乳汁的哺乳动物

mammal

　　哺乳动物通过母体乳腺分泌的乳汁来喂养幼崽。

花园里

garden

在维持花园生态系统★平衡的过程中，每一只小动物都发挥着作用。比如：有些小昆虫是鸟类、两栖动物、爬行动物等的食物；有些小动物可以帮助植物生长和繁殖。

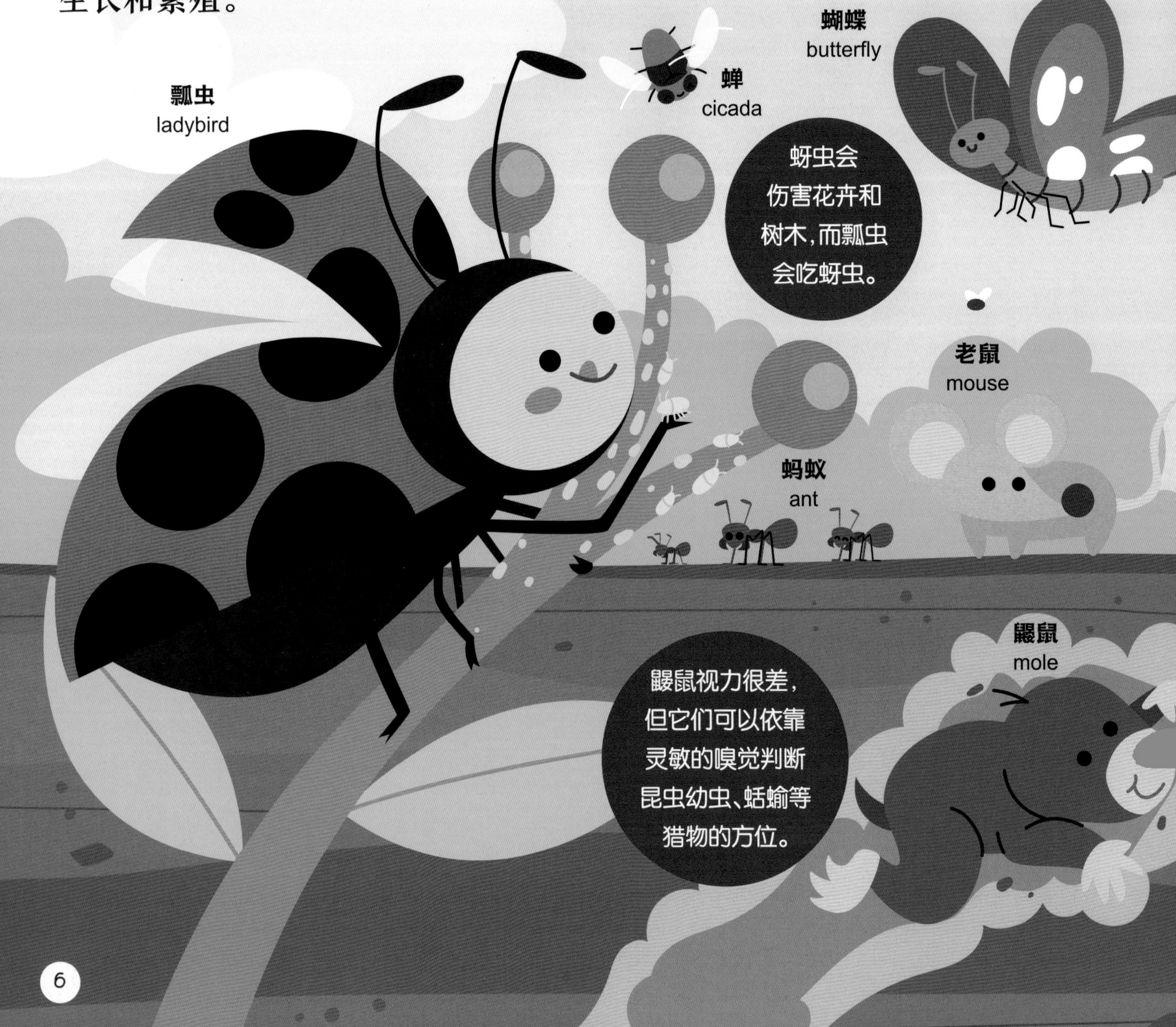

蜜蜂
采集花蜜，
然后制作
蜂蜜。

苍蝇
fly

蜜蜂
bee

蚱蜢
grasshopper

蛞蝓
slug

蚯蚓
earthworm

蚯蚓在土里
挖掘隧道，让更
多的空气流进土壤。
这样有助于
植物的生长。

蜜蜂

✓昆虫
✓食蜜动物

bee

蜜蜂可以将一朵花的花粉带到另一朵花上，帮助花朵授粉。蜂巢中主要有3种蜜蜂：工蜂、雄蜂和蜂王。

工蜂
负责采蜜酿蜜、建造蜂房、防御任务等。

雄蜂不采花粉，它们的任务就是与蜂王交配。

蜂王是蜂群中唯一有正常产卵能力的蜜蜂，有时一天能产下2000粒卵！

工蜂在钻出蛹壳之后，职责会不断地变化。

第 1~3 天

给蜂巢保温、扇风，清理房间。

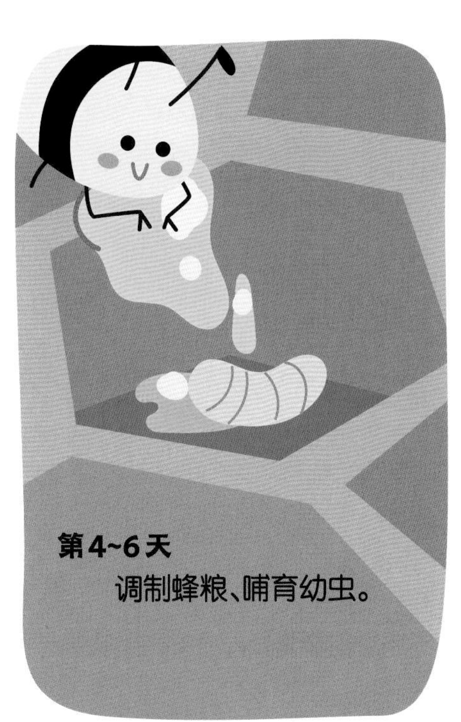

第 4~6 天

调制蜂粮、哺育幼虫。

试飞

工蜂的试飞时间根据天气和温度的变化而调整，大多在下午两点到五点间。

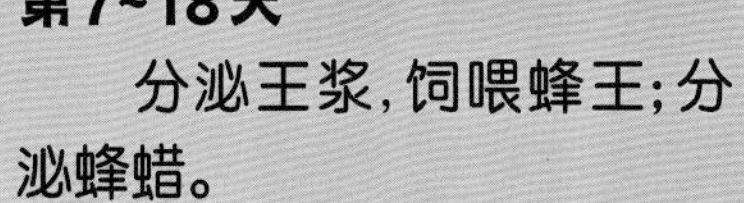

第 7~18 天

分泌王浆，饲喂蜂王；分泌蜂蜡。

18 天之后

守卫蜂巢，采集花蜜、花粉和水分。

*工蜂的职责会根据天气和温度变化有略微改变。

黑脉金斑蝶

monarch butterfly

√昆虫

√食蜜、食果动物

黑脉金斑蝶也叫帝王蝶，它们在一种叫马利筋的植物上产卵。毛毛虫孵化出来后，只吃马利筋的叶子。

成虫会吸食多种植物的花蜜以及腐烂果实的汁液。

秋天，黑脉金斑蝶会长途跋涉迁徙到南方。

黑脉金斑蝶的生命周期

life cycle

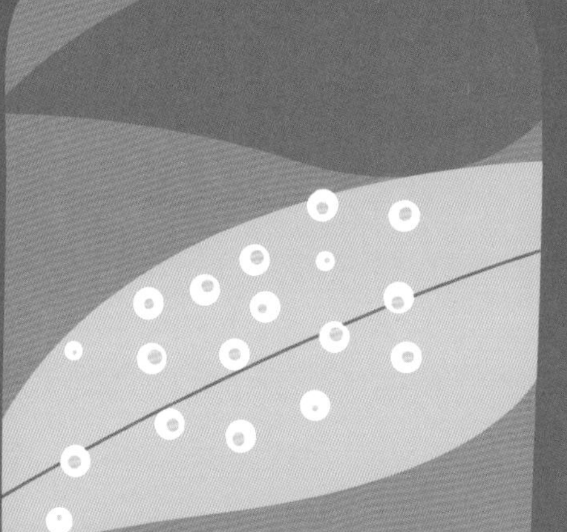

雌蝴蝶把卵产在一片叶子上。

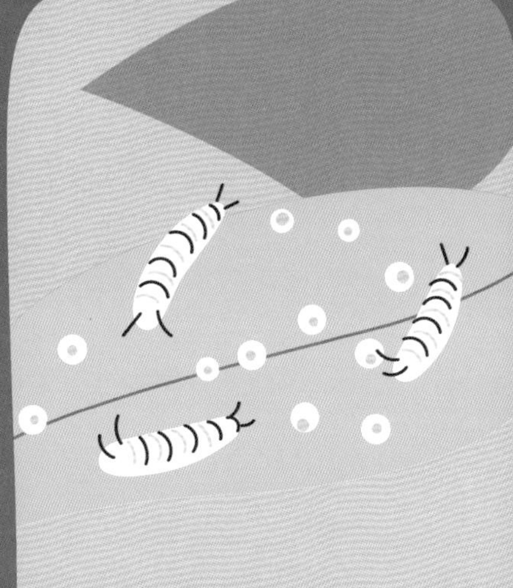

小小的幼虫从卵中孵化出来。

虫宝宝为了长大，会吃很多叶子。

毛毛虫会结一个青绿色的蛹。

毛毛虫在蛹中慢慢变身为蝴蝶。

大约两周以后，蝴蝶破蛹而出，开始飞翔。

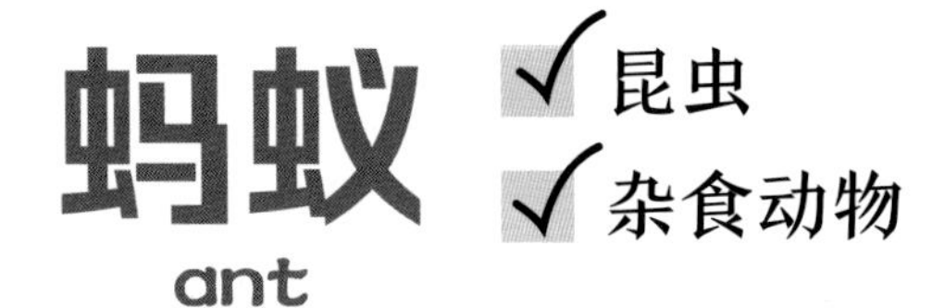

蚂蚁身体的每个部位都有不同的功能。它们虽然看起来小，但是擅长团队合作，能够一起搬运重物。

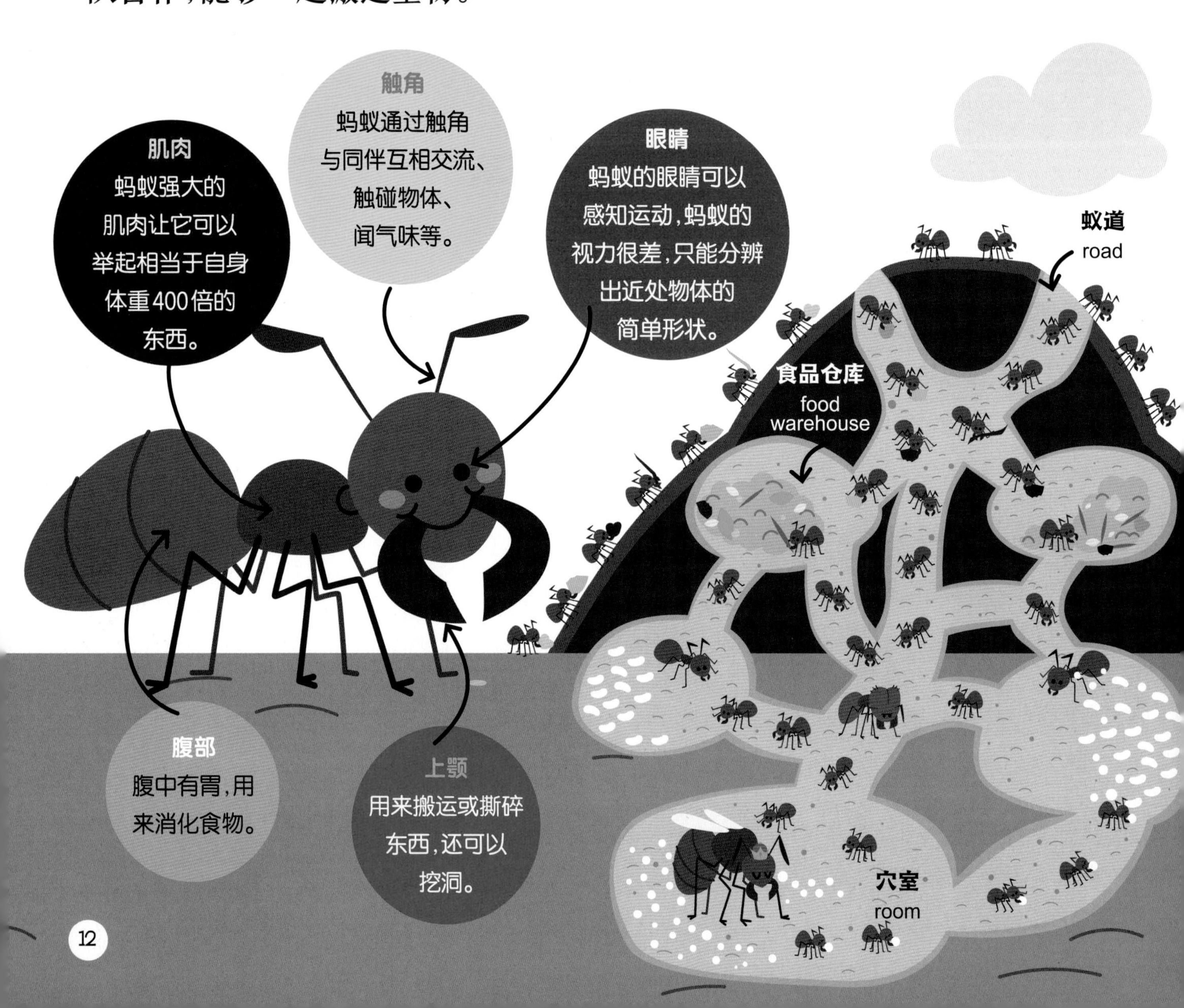

蚁穴

ant nest

一个蚁穴中有数不清的蚂蚁，每只蚂蚁都有自己的工作。它们一起组成了一个大家庭！

蚁后

queen ant

蚁后是蚁穴中唯一能产卵的蚂蚁，确保了蚁群的延续。

雄蚁

male ant

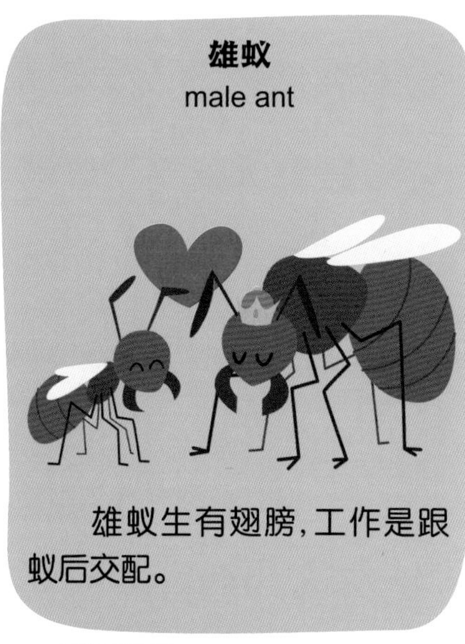

雄蚁生有翅膀，工作是跟蚁后交配。

工蚁

worker ant

工蚁负责筑巢和将食物带回蚁穴。

兵蚁

soldier ant

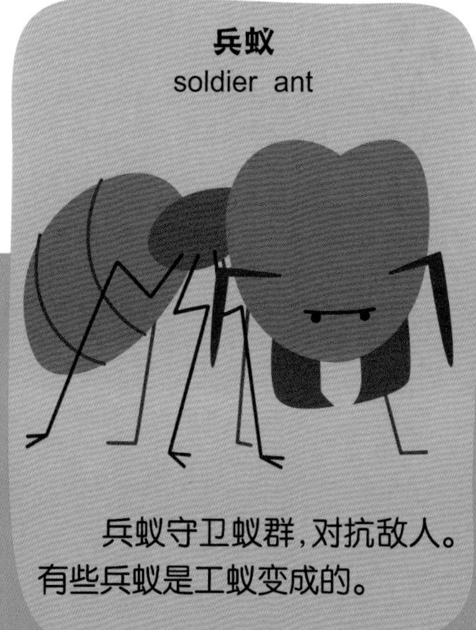

兵蚁守卫蚁群，对抗敌人。有些兵蚁是工蚁变成的。

觅食蚁

foraging ant

主要负责寻找食物。

护士蚁

nurse ant

负责照顾受伤的和年幼的蚂蚁。

淡水世界

freshwater

大多数池塘、湖泊和河流的水，都是含盐量很低的淡水。淡水水域是许多小动物的家。

有些蝾螈直接将卵产在水中。

蜉蝣成年后只能活几小时，最长只活1周。

蜻蜓在飞行时用腿捕食昆虫。

青蛙

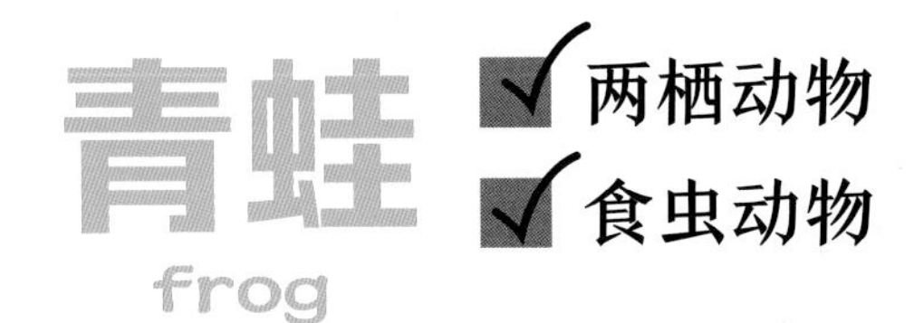

frog

青蛙在陆地上用肺呼吸，在水下则会通过皮肤来辅助呼吸。冬天，青蛙常常会钻到水底的淤泥中休眠。

蝌蚪

tadpole

蝌蚪是青蛙、蟾蜍、蝾螈、娃娃鱼等动物的幼体，它们有大大的脑袋和长而扁的尾巴。

青蛙的生命周期

life cycle

青蛙的身体形态在一生中会经历很多次的变化。

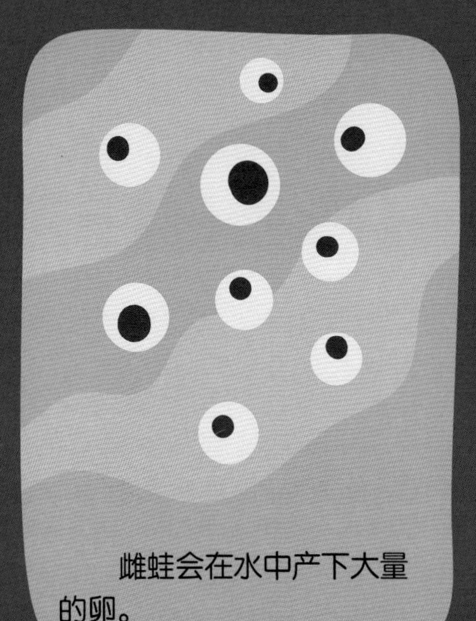

雌蛙会在水中产下大量的卵。

胚胎在卵中发育成长，直至孵化出来。

蝌蚪用鳃呼吸，通过摆动尾巴来游动。

大约50天之后，蝌蚪先长出两条后腿。

在大约第65天的时候，再逐渐长出两条前腿。

尾巴慢慢缩小，直至消失不见，这时，蝌蚪就变成了青蛙！

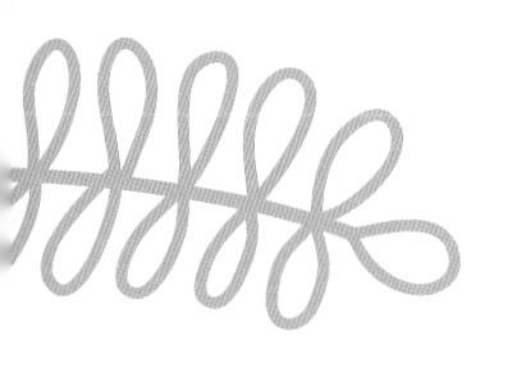

蜗牛

snail

✓软体动物
✓杂食动物

我们在树林里、公园里和池塘边都能见到蜗牛这种小型软体动物。它们有两对触角★，较长、靠后的那对触角上有眼睛。

蜗牛会分泌出一种黏液，帮助自己在地面上滑动。

蜗牛的移动速度非常缓慢，1分钟大约只能爬14厘米！

遇到干燥的环境或冬眠时，蜗牛会钻进壳里，并分泌黏液封住壳口。

它们通常以植物为食。

水黾

water strider

水黾又被称为“滑水者”，常出现在水面上。

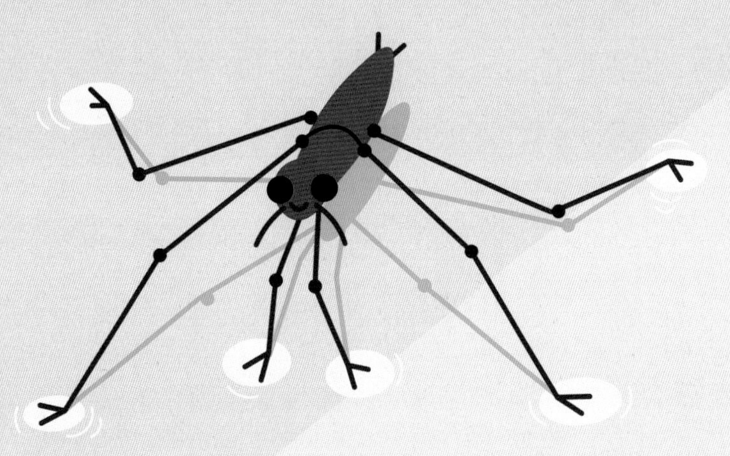

水黾腿上覆盖着细细的毛发，能确保身体在水面上移动，而不会沉下去。

昆虫

食肉动物

mantis

螳螂是伪装之王！体色能让它们轻轻松松地隐藏在一根茎或一片树叶上，从而不被天敌或猎物发现。

螳螂可以将头旋转到身后，观察背后的事物。

它们的前肢酷似镰刀，是捕猎的利器。

翠鸟

kingfisher

✓鸟类

✓杂食动物

翠鸟主要以小型鱼类为食。

翠鸟会在高于水面的堤岸或岩壁上筑巢、产卵。

苍蝇

fly

✓ 昆虫
✓ 杂食动物

苍蝇常常在垃圾堆里出没，以动物尸体和排泄物上的有机物*为食。

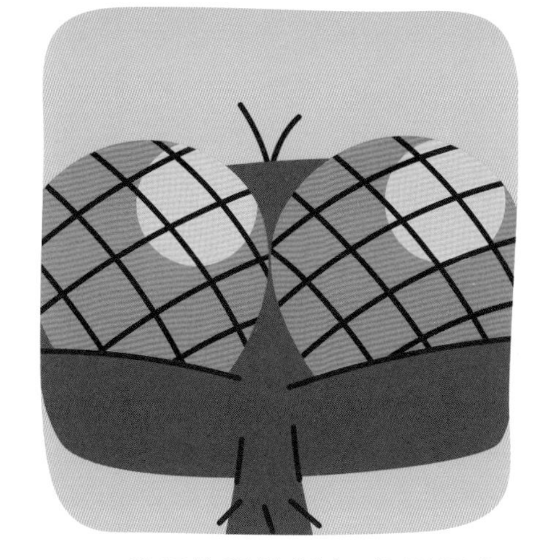

苍蝇的眼睛很大，能看见自己背后的东西。

它们之所以能站在天花板上，是因为脚底有黏性爪垫。

它们的头部有一个喇叭状的口器，可以吸食食物。

森林里

forest

森林里植物茂盛、食物充足，对很多小动物来说，在这里安家再合适不过了。

猫头鹰是许多小动物的敌人，它长着锋利的爪子，头部能旋转270°。

黄鼠狼可以只用后肢站立，以便能更好地观察周围的情况。

萤火虫在夜晚发光，主要是为了吸引异性。

松鼠

squirrel

✓哺乳动物

✓杂食动物

松鼠依靠强壮有力的前肢挖开地面，把坚果藏起来。

东部花栗鼠

eastern chipmunk

✓哺乳动物

✓杂食动物

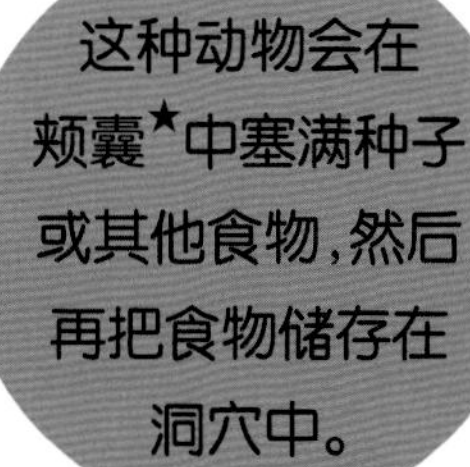

东部花栗鼠的背部有深褐色和偏白色条纹，很容易辨认。

蜘蛛

spider

√蛛形纲★
√食虫动物

蜘蛛可不是昆虫哦！它们有8条腿，没有翅膀和触角。

蜘蛛腹部下方的腺体可以分泌蛛丝，用来织网。

它们用蜘蛛网来诱捕昆虫，然后吃掉猎物。

蜘蛛网的形成

首先，蜘蛛会放出一根支撑丝，将其作为蛛网的骨架。

然后，它们会围绕着这根支撑丝放出一些呈放射状的丝。

最后，它们会从网的中心出发，由里向外织出网。

啄木鸟

✓鸟类
✓食虫动物

woodpecker

啄木鸟生活在树上，粗硬的尾羽可以帮助它们支撑身体。

它们会用喙敲打树皮寻找食物，比如一些昆虫的幼虫。

啄木鸟的小爪子能紧紧地抓住树干。

冠蓝鸦

✓鸟类
✓杂食动物

blue jay

冠蓝鸦主要以坚果和昆虫为食，它们那长长的喙是相当出色的捕猎武器。

这种鸟的头部有一个羽冠，看起来威风凛凛的。

- ✓ 哺乳动物
- ✓ 食草动物

兔子的耳朵对声音特别敏感。敏锐的听觉能让它们察觉到远处捕食者的声音！

刺猬
hedgehog

- ✓ 哺乳动物
- ✓ 杂食动物

刺猬的刺其实是坚硬的变异了的毛发，就像我们的指甲一样主要是由角蛋白质构成的。它们白天在窝里睡觉，晚上出去觅食。

当刺猬察觉到危险时，会迅速缩成一个刺团，让敌人无从下口。

刺猬窝是由落叶和干草做成的。

热带雨林里
tropical rainforest

地球上超过一半的动物都生活在热带雨林中。那里经常下雨，气候炎热潮湿，茂密的植被能阻止太阳光抵达地面。

亚马孙巨人食鸟蛛是世界上体型最大的蜘蛛，体长可以达到30厘米。

许多小动物选择生活在林冠层，因为那里的光线充足，树叶茂密。

变色龙

✓ 爬行动物
✓ 杂食动物

chameleon

变色龙本身是绿色的，但它会根据环境、温度以及心情的变化改变颜色。

它们黏糊糊的舌头比身体还要长，用来捕捉食物。

变色龙的眼睛能朝各个方向转动，这样能更好地看到猎物或天敌。

变色树蜥

✓ 爬行动物
✓ 食虫动物

color-changing tree lizard

变色树蜥通常是浅棕色的，当环境的干湿、光线的强弱发生变化时，它们会随之改变体色。

它们喜欢生活在草地上、灌木丛中或稀疏的树林里，擅长爬树。

变色树蜥的尾巴约是头和身体的三倍长。

巨嘴鸟

✓ 鸟类

✓ 杂食动物

toucan

巨嘴鸟的喙又大又鲜艳，不过却很轻。这种动物喜欢吃果实、种子、昆虫和鸟蛋。

巨嘴鸟的喙能帮它在树洞这种中空的地方获取食物。

凤尾绿咬鹃

✓ 鸟类

✓ 杂食动物

resplendent quetzal

它们通常生活在墨西哥和中美洲潮湿的热带雨林中，羽毛颜色鲜艳，雄鸟身后还拖着长长的尾羽。

雄性凤尾绿咬鹃的头上有羽冠。

长颈鹿象鼻虫

giraffe weevil

✓ 昆虫
✓ 食草动物

这种象鼻虫只生活在马达加斯加岛上，因为它们长长的颈部会让人联想到长颈鹿，故而得名。雄性长颈鹿象鼻虫的脖颈长度是雌性的2~3倍。

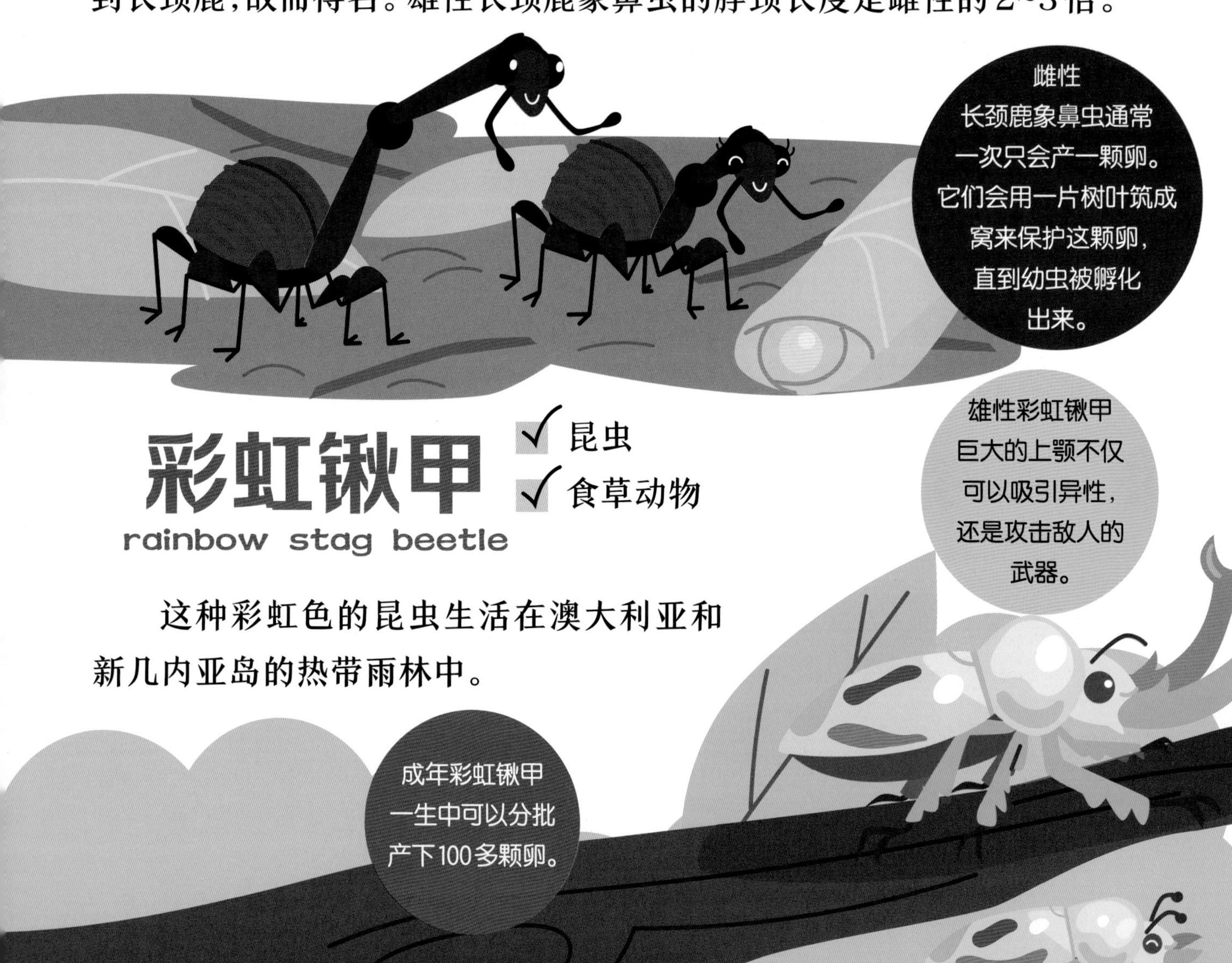

彩虹锹甲

rainbow stag beetle

✓ 昆虫
✓ 食草动物

这种彩虹色的昆虫生活在澳大利亚和新几内亚岛的热带雨林中。

指猴

aye-aye

✓ 哺乳动物
✓ 杂食动物

指猴生活在马达加斯加岛，通常在夜间活动。

它们主要在林冠层活动，因为那里的树叶更茂密，光线更充足。

指猴是地球上最稀有的动物之一！

指猴的耳朵非常大，可以用来确定树干里虫子的位置。

一对黄色的大眼睛，可以在黑暗中看见东西。

后腿强壮有力，能让它们在树上跳来跳去。

沙漠里

desert

白天的沙漠十分炎热，大部分动物会在凉爽的夜间捕食。此外，由于沙漠中的水很稀缺，动物们汲取的水分几乎都来自食物。

撒哈拉沙漠
the Sahara Desert

世界上最大的沙漠是位于北非的撒哈拉沙漠。

狐獴会在白天晒太阳、寻找食物。到了晚上，它们会回到洞穴里休息。

棘蜥的外号是“长角的恶魔”。它们的全身布满了刺，那是用来防身的武器。

角响尾蛇

sidewinder

✓爬行动物
✓食肉动物

角响尾蛇是墨西哥和美国沙漠中众多小动物的噩梦，尤其对于小型哺乳动物和小鸟来说。

这种蛇个头不小，白天却能缩在小鼠的洞里休息，天黑后会外出独自捕食。

小家伙们，我有剧毒！

从出生开始，角响尾蛇就已经有了两颗有剧毒的尖牙。

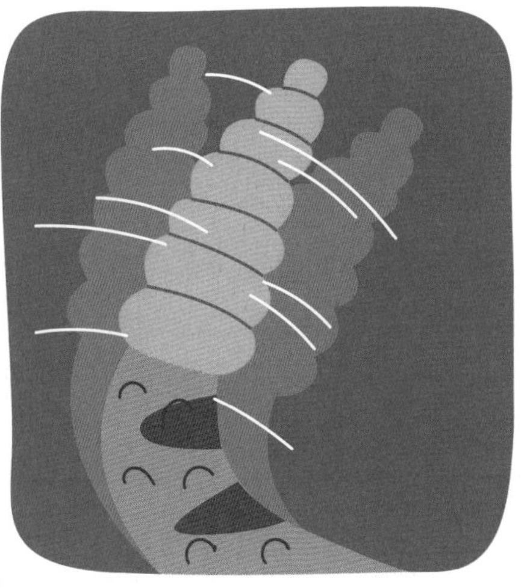

这种蛇在摆动尾巴时会发出声响，故而得名。

它们能通过感知红外线来发现猎物散发出的热量。

撒哈拉银蚁

Saharan silver ant

✓昆虫
✓食虫动物

撒哈拉银蚁每秒大约可以跑85厘米，相当于它身长的108倍，堪称昆虫界的速度健将。

它们身上的银毛可以反射太阳光，从而帮助自身抵御极度炎热的天气。

摩洛哥后翻蜘蛛

Moroccan flic-flac spider

✓蛛形纲
✓食虫动物

这种蜘蛛是名副其实的杂技演员！在感知到危险的时候，它们会跳跃，甚至侧翻。

因为侧翻需要消耗许多的能量，所以它们只会在保命的时候才使出这个绝招。

蝎子

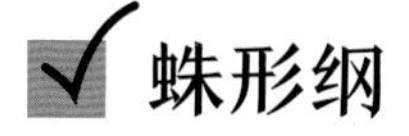

scorpion

蝎子一出生就成形了。在出生后的一段时间里，它们会趴在妈妈的背上。

避日蛛

✓ 蛛形纲

✓ 食肉动物

sunspider

避日蛛口器的一部分是巨大的螯肢，有点像两把剪刀，是用来捕捉猎物和切割食物的工具。

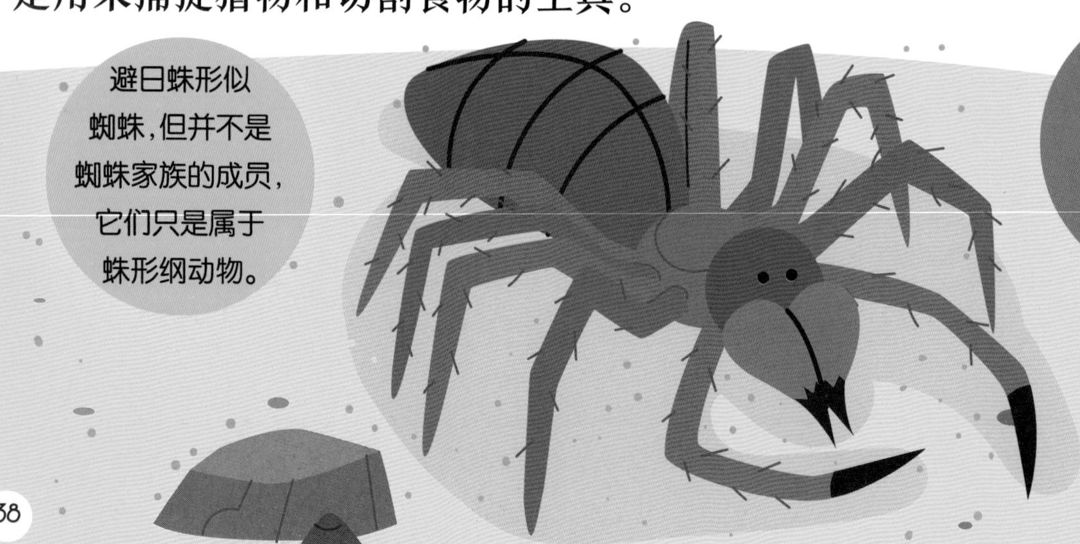

这种动物分布广泛，世界多地的沙漠中都有它们的身影。

沙丘猫

✓ 哺乳动物
✓ 食肉动物

sand cat

沙丘猫几乎逮着什么就吃什么：蜥蜴、昆虫、老鼠、鸟类……甚至还有蛇！沙丘猫遇到某些蛇后会用爪子猛击，让它不能动弹。

耳廓狐

✓ 哺乳动物
✓ 杂食动物

fennec

耳廓狐是世界上的小型犬科动物之一。它们成年后的身长只有40厘米左右，相当于一只家猫的大小。

耳廓狐的大耳朵极其灵敏，能发现远处的猎物。

在海边

seaside

在海边生活的小动物必须适应潮汐★的变化。退潮时，有些小动物会藏在自己的壳里或者石头底下，等待着海水再次涨回来；涨潮时，它们的生活就恢复了正常。

对紫海胆来说，海藻是上等的美味。

海螺回旋形的坚硬外壳，像盔甲一样保护着它们的身体。

蛤蜊的两个壳大小相等，壳顶稍向前方凸出。

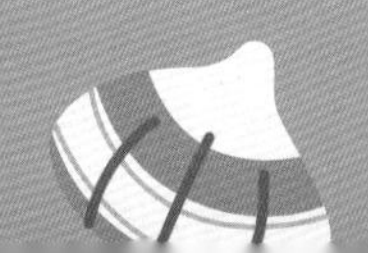

海星

starfish

✓ 棘皮动物★
✓ 食肉动物

大部分海星都有5条腕。遇到天敌时，海星会通过断腕来分散对方的注意力。它们没必要跟掠食者硬碰硬，毕竟它们有能力让腕重新长出来！

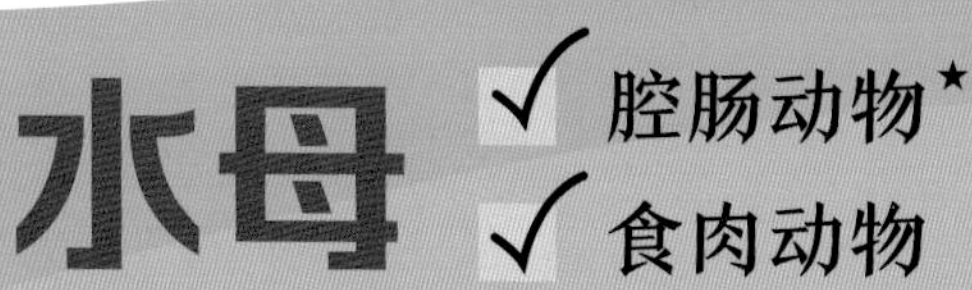

水母

jellyfish

✓ 腔肠动物★
✓ 食肉动物

水母不擅长游泳，常常需要借助风、海浪和水流来移动。不过，它们偶尔也会通过收缩伞状的身体在水中前进。

水母体内的含水量高达98%。

水母的体型大小不一：生活在海洋中的海月水母、钵水母较大；淡水中的桃花水母较小，直径约为2.5厘米。

寄居蟹

hermit crab

✓甲壳动物

✓杂食动物

寄居蟹的两个“大钳子”可以战斗和搬运食物，前两对步足用来移动，后两对步足用来支撑自己的身体。

寄居蟹的身体比较柔软。为了生存，它们必须寄居在一个废弃的空壳中。如果身体长大到壳装不下了，它们就会换个“房子”。

螃蟹

crab

✓ 甲壳动物
✓ 杂食动物

螃蟹的外壳扁扁的，它们不能将腿完全弯曲，这是导致它们横着走路的重要原因。螃蟹的种类很多，生活在海里的叫海蟹，生活在淡水里的叫河蟹。

它们以小鱼虾和藻类为食，蟹螯可以用来夹碎食物的壳。

软体动物和甲壳动物

mollusk and crustacean

软体动物没有脊椎，许多种类都要靠外壳来保护自己柔软的身体。

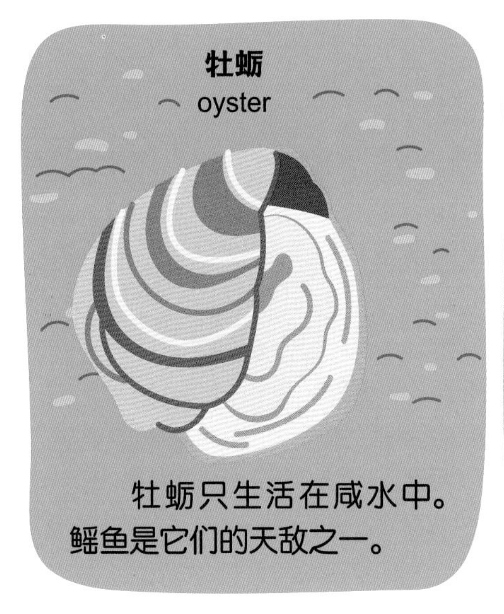

牡蛎
oyster

牡蛎只生活在咸水中。鳐鱼是它们的天敌之一。

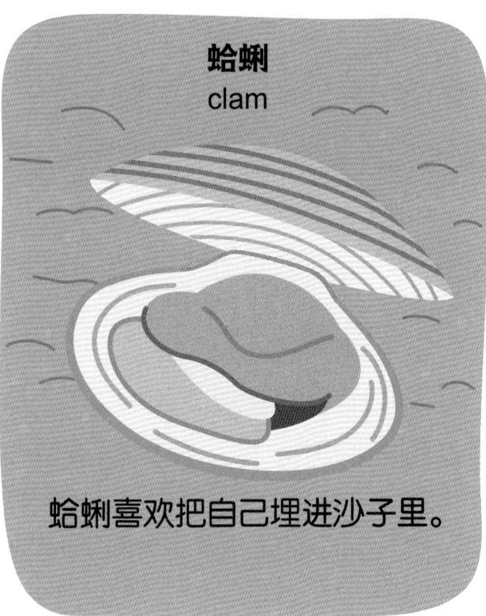

蛤蜊
clam

蛤蜊喜欢把自己埋进沙子里。

青口贝
green mussel

青口贝的壳闪耀着漂亮的翡翠光泽，所以也叫翡翠贻贝。

甲壳动物拥有好几对腿和一个坚硬的外壳。

蜘蛛蟹
spider crab

蜘蛛蟹有大有小：一些种类只有10厘米长，一些种类有近4米长。

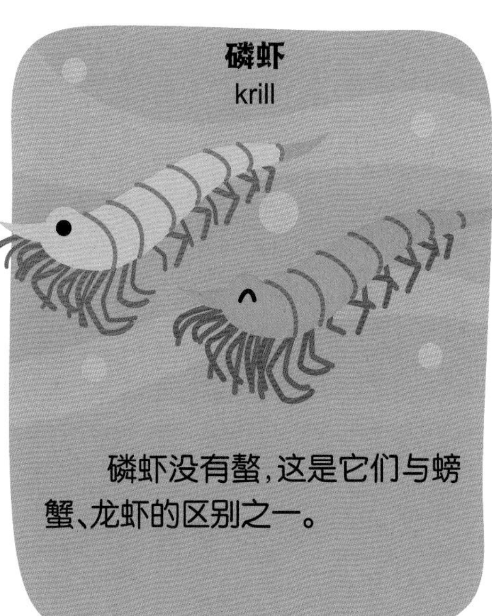

磷虾
krill

磷虾没有螯，这是它们与螃蟹、龙虾的区别之一。

小龙虾
crayfish

小龙虾只生活在淡水中，长得很像龙虾。昆虫幼虫是它们的食物之一。

世界上，奇妙的小动物数不胜数。下面这些种类，有的外形独特，有的具有“超能力”。一起来瞧瞧吧。

椿象
stink bug

椿象的身体是扁平的，口器是细长的（从正面不太容易看到）。当危险来临时，它们会释放出一股难闻的气味，所以有些地方的人们称其为“放屁虫”。

蜈蚣
chilopod

蜈蚣的身体是扁长的，分很多节，每一节都有一对足，它们常在腐木和石隙中出没，身体里有毒液，能杀死青蛙和老鼠。

射炮步甲
bombardier beetle

射炮步甲的腹部有两种厉害的液体，这两种液体混合在一起会变成沸腾的酸水，气味非常难闻，这可以灼烧攻击它们的天敌。由于这种酸水的温度太高，它们必须以非常快的速度喷射出去，以免烧伤自己的臀部。

尽管体型很小，这些小动物却有着“超能力”。

美西螈
axolotl

这种蝾螈一生都保持着幼体的形态。

宽纹黑脉绡蝶
greta oto

这种蝴蝶的翅膀是透明的。

跳蚤
flea

它能跳出相当于自己身长200倍左右的距离。

蜂鸟
hummingbird

蜂鸟是世界上体型最小的鸟，它们的翅膀每秒能扇动50次左右。

缓步动物
tardigrade

这种微型动物可以在极度寒冷或极度炎热的环境中生存。

双冠蜥
green basilisk lizard

这种蜥蜴的脚趾特别长，可以在水上奔跑。

词汇表

口器（mouthpart）：节肢动物口周围的器官，主要有摄取食物、感觉等功能。昆虫的口器一般分为咀嚼式、嚼吸式、刺吸式、舐吸式和虹吸式五个类型。

（昆虫）上颚（mandible）：某些昆虫口器的组成部分，主要用来研磨食物。

生态系统（ecosystem）：生物及其生存环境相互作用的自然系统。

触角（tentacle）：通常指节肢动物头部的一种感觉器，除了有触觉、嗅觉功能外，有时还有听觉的功能。

有机物（organic matter）：是生命产生的物质基础，所有的生命体都含有有机物。脂肪、蛋白质、糖都是有机物。

颊囊（cheek pouch）：一些哺乳动物脸颊内的囊袋，被用来储存食物。

蛛形纲（arachnid）：节肢动物门下的一个纲，这类动物常隐蔽在石块或树叶下。

潮汐（tide）：由月球和太阳的引力引起的水位变化现象。

棘皮动物（echinoderm）：动物界的一门。这类动物有一个特殊的水管系统，一般可以用来运动、排泄和呼吸，腕部能够重生。

腔肠动物（coelenterata）：动物界的一门。这类动物的触手上有它们特有的刺细胞。它们中有些可以食用，有些的骨骼可以作为装饰品。